Marcos Antonio Fiorito

FRASES E PENSAMENTOS

– Edição Unificada –

Versão combo dos volumes I e II

revista e ampliada.

São Paulo
2024

F519f Fiorito, Marcos Antonio, 2024
Frases e Pensamentos: versão unificada / Marcos Antonio Fiorito – São Paulo: Editora Gallipoli, 2024.
113p.: 21cm.

ISBN 978-65-997116-4-0

1. Frases. 2. Pensamentos. 3. Reflexões.
1. Título

CDD: 158.1
CDU: 159.955.4

Capa: Estêvão Ramirez

Foto da capa: Quốc Huy Dương

O AUTOR

Nascido em São Paulo em 26 agosto de 1967, Marcos Antonio Fiorito é graduado em Teologia, licenciado em História e pós-graduado em Metodologia da Educação no Ensino Superior. É autor de livros adultos e infantis, além de escrever mais de 200 artigos publicados em jornais impressos e meios eletrônicos. Em 2007/2008 foi professor de Teologia na cidade de Maceió, capital de Alagoas. Mais tarde trabalhou como redator sênior, época em que se apaixonou pela escrita e aperfeiçoou-se nessa arte tão prazerosa. Posteriormente, foi professor de

Metodologia da Pesquisa Científica e Técnicas de Elaboração de TCC para turmas de alunos de pós-graduação.

Títulos mais recentes de obras do autor:

- Podemos Provar a Existência de Deus?
- Frases e Pensamentos I
- Frases e Pensamentos II
- Posso anular o meu casamento na Igreja Católica?
- Estratégias para elaboração de TCC
- Frases e Pensamentos: Edição unificada

Dedicatória

Dedico este livro aos meus falecidos pais, à minha filha, Lucília Domingos Fiorito, a toda minha família e amigos, com destaque para Pe. Cássio Carvalho, Roberto Centoamore, Sandra Maria Domingos Fiorito, Maria Cícera Damião da Silva, Margarida Marinho Mancini, José Lúcio Corrêa, Carlos Toniolo, Victor Toniolo, Aloysio Cavalcanti Lima, Roberta D. Cavalcanti Lima, Sandra Maria Marques Soares, Sergio Becker, Dani Becker, Valter Bonfim, Simão Aguiã Morant, Alexandre Marcos e Adriano Fonseca, Paulo Silas, Albertino Coutinho, Ricardo Escrobat, Luis Zaghi, Alessandra Crispin, André Crispin, Silvio Reis, Edson Santos, Carlos Vasconcellos, Elsa Sostizzo, Amanda Farias, Paulo Adib Casseb, Solange Siquerolli, Maria Angeles Brugarolas, Solange Bae Lee, Marcos Silva, Silvia Viegas, Mônica Rufino, Marina A. Sampaio, Edson Silva, Wagner Bonelli, Fabio Ludwig, Letícia Fuzihara, Eliane Melo, Jô Policarpo, Eugenio P. de Lima, Guilherme Amaro, Luiz C. Wodiani, Munir S. Mahfoud, Mark Lofrese, Christian Petitclerc, Víctor Gama, Paulo Gerbase, Marcos Baggini, Alexandre Akishino, Joaquín Matus, Everaldo Ashlay, Felipe Echeverría, Eduardo Lyra, Uziel Limeira, Alda Pedroza Limeira, Sérgio R. P. Cruz, Gabriel Cavalheiro, Daniel Santos, Eraldo Lima, Daniel Martins da Silva, Daniel Curi, Anderson Palmieri, Francisco R. Frances, Roberto Diez, Daniel del Río, Leila Alba, Cristina Toledo, Ana, Nicole e Heitor Leão, Aurea Fuziwara, à família Yamauti, Rita e Claudio Monteiro, Herbert, Ronny e Bruno, Carlinha Polato, e ao amigo Eurico Monteiro (*in memoriam*).

"Se você quer construir um navio, não chame as pessoas para juntar madeira e distribuir tarefas, mas ensine-as a desejar a vastidão infinita do mar."

Antoine de Saint-Exupéry

SUMÁRIO

Errar é humano 18
Circo da vida 18
Lapidação 18
Incerteza 19
Impulsividade 19
Supervalorização 19
Ansiedade 19
Arte de viver 20
Imbecilidade 20
Crescimento 20
Engano 20
Vida 21
Dor 21
Mudar ou mudar 21
Pressa 21
Flores 22
A variedade deleita 22
Homo celularis 22
Imprevisibilidade 23
Conquista diária 23
Crise familiar 23
Sexo ou amor 24

Narcisismo virtual 24
Busca pela felicidade 25
Remorso 26
Sobre vida agitada 26
Criança moderna 27
Simplicidade 28
Café é vida! 28
Relacionamento 28
Apreensão futura 29
Profundidade 29
Alegria e esperança 29
Infortúnio e conselho 30
O número dos estultos é infinito 31
Providência 32
Caráter e honestidade 34
A vida é um combate 35
Como estragar um filho 36
O tempo a tudo corrói 38
Fanatismo religioso 38
Discernir o seu potencial 39
Exposição 41
Seitas 41
América Latina 42

Relacionamentos intensos 42
Sites e aplicativos de relacionamento 43
De coração! 44
Aprendizado 45
Falta de educação 45
Ganhar no grito 45
Coice 46
Gratidão e obrigado 46
Bom conselho 47
"Ok" e deseducação 47
Novelas 48
Inteligência emocional e paciência 48
Convite à reflexão 49
Sensatez 50
Valor da experiência 50
Fake news 51
Ideologia e amizade 52
Sincericídio 52
Vida real x virtual 53
Eu versus o outro eu 53
Sentido da vida 54
Os melhores pensamentos 55
Criticismo 55

Somos o que somos no presente 55
Razão x sentimento 56
Cavalheirismo 57
O devido valor das coisas 58
E viva a ideologização! 58
Home office 60
Linchamento da língua pátria 61
Sentimento de desconfiança 62
Fundamentalismo 62
Superficialidade 63
Pérola aos porcos 64
Convivência 64
Vida conjugal 65
Imbecilização 65
Revolução cultural 66
Bestialização 67
Narcisismo moral 67
Frases coringas 67
Políticos e bem comum 68
Vitimismo x excesso de culpa 68
Herói ou famoso? 69
Adversidades 70
Antes do WhatsApp, depois do WhatsApp 71

Rocky Balboa ... 72
Autossabotagem ... 72
Corpo ideal ... 73
Racismo ... 74
"Adestrando" um ser humano ... 75
Maior e mais forte ... 76
Perda de tempo ... 77
Curioso paralelo ... 77
Vida de astro x vida pessoal ... 78
Reviravoltas da História ... 82
Receitinhas de autoajuda ... 83
Visão madura do amor ... 84
Titanic ... 86
Culpa e desculpa ... 87
A intensidade tem o seu preço ... 88
Sobre avaliar uma ação do governo ... 88
Mudanças contínuas ... 89
Conhecer o outro lado ... 89
Curiosa afirmação ... 91
Competência e moralidade ... 92
Foi mais forte do que eu ... 93
Destino da cultura ... 94
Chegar lá com mérito e esforço ... 95

O que realmente importa ... 96
Burrices múltiplas ... 96
O que vale é a intenção ... 97
Evolução ... 98
Alienação ... 98
Mundo virtual ... 99
Experiência da vida ... 99
Pieguice ... 99
Quem é você na vida? ... 100
Humanidade ... 100
Coração sem noção ... 100
Neca de pitibiribas ... 101
Sanidade mental é tudo! ... 101
Incontinência verbal ... 102
Navegar na direção dos seus medos ... 102
Zona de conforto x Ponto de equilíbrio ... 103
Relacionamento ... 103
E vivam as características! ... 104
Educação ... 105
O porquê de tantas separações conjugais? ... 106
Solteirice, solidão, liberdade ou prisão? ... 107
Solitude ou Isolamento? ... 109

APRESENTAÇÃO

Em um mundo repleto de ruídos e distrações, as palavras têm o poder de nos recentrar e inspirar. Este pequeno livro é uma coleção de frases e pensamentos que transcendem o tempo e o espaço. Traz alguns pensamentos e considerações para bem viver. Ele nasceu das reflexões pessoais do autor e de anotações que foi fazendo à medida que dizia alguma frase mais marcante, seja pelas redes sociais, em conversas com amigos e conhecidos, palestras ou em momentos solitários de *insights*.

Cada página é um convite à introspecção, ao crescimento pessoal e à celebração da beleza que reside no simples ato de pensar. Frases têm o poder de nos lembrar do que realmente importa, de transformar momentos de dúvida em oportunidades de evolução e de nos motivar a agir com propósito.

Que tal fazer uma pausa no ritmo acelerado da vida e mergulhar nestas reflexões? Que este livro seja mais que um convite à leitura; que ele se torne um companheiro em sua jornada pessoal. Afinal, grandes mudanças começam com um único pensamento.

Boa leitura e bom proveito!

Errar é humano

Não tenha medo de errar, pois é inevitável. Tenha medo de não ser! O medo de errar pode protegê-lo, mas também bloquear as vias do sucesso. A vida é um jogo interminável de acertos e erros.

Circo da vida

Você já tentou situar o seu papel no circo da vida? Se malabarista, ou trapezista, mágico, palhaço, dançarino, equilibrista, engolidor de espadas ou fogo, domador ou apresentador?

Lapidação

Deus nos criou como pedras preciosas, porém brutas, que precisam ser polidas, depois lapidadas. Isso só o sofrimento faz.

Incerteza

Em nossa existência, só uma coisa é certa: que tudo na vida é incerto.

Impulsividade

Procure refrear os seus impulsos, verá que muita coisa no seu dia a dia se equilibrará. Não só irá evitar situações adversas, irá enxergar o que realmente importa.

Supervalorização

Cuidado ao supervalorizar uma pessoa, poderá estar reduzindo as demais injustamente.

Ansiedade

A preocupação demasiada com o futuro, em certo sentido, impede-nos de viver o melhor do presente.

Arte de viver

Viver é uma verdadeira arte, no entanto nem todos a dominam. Viver com sabedoria é viver plenamente.

Imbecilidade

Num mundo onde há tanta gente imbecilizada pelo modismo, os imbecis fazem sucesso.

Crescimento

Nossas virtudes e qualidades crescem à medida que crescemos na simplicidade e no amor.

Engano

Apesar das aparências enganarem, as pessoas facilmente julgam umas as outras...

Vida

Em determinados momentos, a vida se apresenta como o vento: ora é suave como uma brisa, ora é forte como uma tempestade.

Dor

Quando se sabe sofrer, a dor é uma grande aliada da nossa evolução.

Mudar ou mudar

Queiramos ou não, a vida nos conduz a mudanças. Ou você dá jeito na sua vida, ou a vida dará jeito em você...

Pressa

No dia-a-dia, corre-se tanto que, muitas vezes, nem se sabe o porquê se está com tanta pressa. Correr já virou uma segunda natureza.

Corremos de maneira irracional, sôfrega e nada saudável. Correr sem motivo é irracionalidade.

Flores

A arte está em saber apreciar as belas flores sem se machucar com os espinhos.

A variedade deleita

Diz um ditado latino que "a variedade deleita" (*varietas delectat*), sem dúvida alguma. Mas também se pode afirmar, sem medo de errar, que a variedade descansa o espírito.

Homo celularis

Hoje vivemos a era do *Homo Celularis*. Nos lugares públicos e privados, cada vez mais, a conversa vai dando lugar ao entretenimento individual com *tablets* e *smartphones*. Daqui a pouco vão mudar até a música do Luiz Gonzaga: "Ela só quer, só pensa em navegar..."

Imprevisibilidade

As coisas na vida não funcionam como cálculos matemáticos. O que não pode ser hoje, pode, perfeitamente, ser amanhã.

Conquista diária

É preciso lembrar-se que o amor exige uma conquista quase diária do ser amado. Nem é preciso de palavras, bastam gestos ou ações. Mas tem que ser. Do contrário, entra-se numa mesmice insuportável.

Crise familiar

Não é de hoje que a instituição da família tem atravessado uma crise sem comparação na história da humanidade. Por inúmeros motivos, muitas vezes justificáveis, as pessoas se casam e se separam com enorme facilidade. Porém é preciso lembrar que a cultura do descartável tem fundamental participação nisso: "Não deu certo, separa e parte para outra!". Não podemos nos esquecer que a cada união e separação ficam as consequências, a maior parte delas num depósito de assuntos mal resolvidos na alma. Além disso, há consequências que extrapolam o nosso interior, e os filhos se encaixam bem dentro disso.

Sexo ou amor

Sexo ou amor? Quando se ama de verdade, as duas coisas se fundem e se confundem, sem deixar de ser elas mesmas.

Narcisismo virtual

Não há mal algum em postar fotos nas redes sociais, tal seria! Mas quando há exagero, qualquer ato se torna insignificante. Abusar das *selfies* sugere uma espécie de narcisismo virtual ou, de outro modo, uma carência provocada em boa medida pelo vazio interior de quem tanto se exibe. Se as pessoas soubessem o quanto elas se expõem ao ridículo, pensariam 10 vezes antes de postarem seus retratos a torto e a direita. Infelizmente, a arte de fotografar vem se banalizando com as câmeras digitais. Fotografa-se tudo e de qualquer jeito, até a ração que é dada ao *pet* de estimação... Uma bela imagem, sim, merece ser captada e eternizada. O mesmo em relação às melhores experiências e aos momentos mais significativos.

Busca pela felicidade

Sem dúvida alguma, quando procuramos algo, procuramos a felicidade; independentemente se ela chama filho(a), mãe, pai, namorado(a) esposo(a), dinheiro, carro, celular, *tablet*, comida preferida, carreira, posses, etc. A verdade é que, embora não saibamos, procuramos sem dúvida alguma a felicidade plena em Deus. Ela se traduz na nossa sede de infinito. Note que você nunca está satisfeito(a), sempre à procura de mais, mais e mais. E só um Ser infinito pode saciar essa procura constante. Ainda que se conquiste tudo o que se busca, a sensação é de vazio. Daí o papel imprescindível do sobrenatural.

Remorso

Ficar remoendo o passado compromete o nosso presente e nos torna cegos para o futuro.

Sobre vida agitada

A tecnologia, contrariamente ao que se imaginava em tempos idos, não diminuiu o nosso ritmo, mas acelerou tudo. Facilitou, simplificou a vida, mas não desacelerou nada. Pelo contrário, fez com que tudo ficasse ainda mais corrido. São tantas coisas para resolver, tantos problemas, tanta informação... O resultado é que se perde a simplicidade da vida, a organicidade e uma relativa tranquilidade que se gozava no passado.

Criança moderna

Falando em vida agitada, as crianças modernas vivem numa agitação sem igual. Passam a manhã na escola, depois vão ao inglês, ao balé, ao judô, natação, lição de casa, *videogame*, televisão, celular, *tablet*... Nem um tempo para brincar de verdade, rir à toa, jogar conversa fora com os amiguinhos... E os pais, claro, estão muito ocupados também, não têm tempo para conversar com os filhos – o que é muito grave.

Simplicidade

No que vai dar tudo isso? O que nos aguarda pro futuro? Viver a vida de modo simples parece ser uma chave perdida para o mundo moderno. Feliz de quem consegue encontrá-la.

Café é vida!

Seja coado ou expresso, com ou sem açúcar, quem gosta de café não precisa de pretexto algum para apreciá-lo. Só ele basta!

Relacionamento

Não existe uma pessoa igual a outra, portanto não é possível duas pessoas concordarem em tudo. Existe algo misterioso, acima dos gostos, aptidões e culturas, que permite a duas pessoas se amarem de verdade.

Apreensão futura

Sempre se espera encontrar alguém com quem se possa viver para o resto da vida. Algumas pessoas, especialmente, renovam nossas esperanças. Depois de um primeiro encontro suave ou intenso, nunca se sabe no que pode dar, mas como se deve viver um dia de cada vez, não deixe a apreensão pelo que virá amanhã estragar tudo.

Profundidade

Tão bom quando a nossa humanidade supera a fraqueza e sabe enxergar além do que se nota na superfície das coisas.

Alegria e esperança

Uma das formas de sobreviver é ver sempre os dois lados da moeda. Não há outra receita.

Olhar só para o lado positivo nos faz idiotas, só para o lado negativo nos faz amargos e intragáveis. Pode-se resumir que ter pé no chão e viver de forma alegre e esperançosa é viver de forma equilibrada.

Infortúnio e conselho

Quando uma pessoa estiver aborrecida com algo e for relatar-lhe o seu infortúnio, ela não quer ouvir lugares comuns, como: "Há de dar tudo certo!"; "Deus é mais!"; "Vai dar tudo certo!"; "Pense positivo!". Isso só irá deixá-la mais desapontada. Por incrível que pareça, muitas vezes ela só quer, no fundo, ser ouvida e sentir que o ouvinte tem sensibilidade para com a sua dor. Dizer coisas como: "Sinto muito! Sei o quanto isso é doloroso", etc., fará muito mais efeito. Parece o contrário, mas não é! Ela está buscando só empatia, não um terapeuta.

O número dos estultos é infinito

Há razões para acreditar que, desde que o mundo é mundo, néscios como alguns *youtubers* e falsos filósofos fazem mais sucesso que os sábios. Os homens que verdadeiramente pensam e buscam uma sociedade melhor acabam sendo bem menos populares. Sócrates, em seu tempo, foi condenado a tomar cicuta. No Antigo Testamento, na Versão Vulgata, extraímos um provérbio que soa como o gemido de um sábio: "o número dos estultos é infinito!" (Ecl. 1, 15). A verdade é que em todas as épocas a gente tem o registro de queixas semelhantes por parte de homens que enxergam além do senso comum.

O povo, em geral, faz uso do senso comum. Entretanto nem sempre o senso comum é indicado e assertivo. Pelo contrário, às vezes ele vai na direção mais simples e equivocada.

Quando os gregos presentearam os troianos com aquele famoso cavalo de madeira gigantesco (cavalo de Troia), houve quem alertasse para o perigo de uma armadilha. “Não devemos confiar nos gregos, mesmo quando nos presenteiam”. Mas o senso comum era de que a paz havia chegado. No entanto, o cavalo era uma arma de guerra invasora, que provocou a derrota dos troianos.

Os demagogos, surgidos na Grécia, deram-se conta de que o povo facilmente vira massa de manobra nas mãos de aventureiros e falsos profetas. Tanto que, numa certa acepção, pode-se afirmar que "demagogo" é aquele que arrasta o povo consigo.

Providência

Em geral, a maioria das pessoas, cristãs ou não, por ignorância, pensam no sentido de que

Deus irá intervir em cada coisa a todo momento, e milimetricamente. Alguém descobriu que tem câncer em estado avançado, a resposta mais comum é: "Não há de ser nada!". "Confia em Deus!". Deve-se se confiar em Deus, sem dúvida, sobretudo no que diz respeito às coisas espirituais e na ordem da salvação, porém é imperativo ter presente que Deus não é intervencionista. Por isso é possível alguém tirar a vida de outro, pois embora não seja da vontade do Criador, Ele permite que isso aconteça justamente em virtude do livre arbítrio.

Isso não tem nada a ver com falta de confiança na Providência Divina. Essa questão tem a ver com o pecado original, pelo fato de estarmos em estado de prova. Claro que isso não impede que Deus, pontualmente, aja em determinadas situações, seja de maneira sutil ou através de um milagre. Porém não é o curso natural das coisas. Basta observar o número de crimes, tragédias e infortúnios para se chegar a essa conclusão.

Caráter e honestidade

Diz o ditado que a ocasião faz o ladrão, e é nessas ocasiões que conhecemos o valor das pessoas. Ser pobre ou rico, ser classe baixa, média ou alta não conta, pois todos podem cometer atos de corrupção. O que vale, sim, é o caráter e a honestidade; onde pesa muito a formação familiar e os bons exemplos dos pais.

Santo Agostinho (Séc. IV), já em sua época, ouvia fiéis queixarem-se da má conduta de alguns sacerdotes. Sua resposta era clara e categórica: "Se existem boas ovelhas haverá também bons pastores, pois é dentre as boas ovelhas que saem os bons pastores". Ou seja, para que tenhamos políticos honestos, é preciso que trilhemos os ensinamentos de Cristo, pois é do meio do povo que saem os representantes da nação.

A vida é um combate

Se tomarmos as Sagradas Escrituras e abrirmos no livro de Jó, na história daquele valente justo que teve todos os seus bens roubados, devastados, sua família destruída e sua saúde deteriorada, encontraremos às tantas uma frase em tudo consonante com a nossa realidade (Jo 7, 1): *Militia est vita homnis super terram* ("A vida do homem sobre a terra é uma luta"). Pensando em nossos filhos. Se queremos vê-los bem-sucedidos, devemos prepará-los para o campo de batalha. Devemos preparar os nossos filhos como guerreiros, pois, como lemos em Gonçalves Dias, joia da nossa literatura: "Não chores, meu filho; não chores, que a vida é luta renhida: viver é lutar.

A vida é combate, que os fracos abate, que os fortes, os bravos só pode exaltar."

Como estragar um filho

Se recorrermos ao dicionário da Língua Portuguesa à procura de um sinônimo para "mimado" logo iremos encontrar o vocábulo "estragado". É até comum no nordeste do Brasil ouvirmos o emprego dessa última forma com relativa frequência. E, de fato, uma criança mimada pelos pais ou avós se torna uma criatura estragada.

A "receita" para estragar um filho ou neto todos conhecem: nunca lhe negue nada, faça-lhe todas as vontades, nunca o desagrade, encha-o de mimos e presentes; sobretudo, não exija nada dele com rigor, "ele é um cristal fino, pode romper-se"...

Um erro "n" vezes repetido é dos pais que trabalham demasiadamente e não acompanham o dia a dia dos filhos. Querem suprir-lhe a sua ausência enchendo-os de regalos caros, não cobrando-lhes postura, educação, foco nos estudos, nada. Afinal, nunca os vê, é antipático puxar-lhes as orelhas.

Por fim, o mimo demasiado acaba por despreparar nossos filhos para as agruras da vida, que, queiramos ou não, irá exigir deles que sejam bons combatentes, pois, do contrário, serão consumidos pelo álcool e pelas drogas, pelo sexo livre e irresponsável, pelas baladas intermináveis e por toda sorte de desvarios, próprios de quem está acostumado a receber tudo sem esforço, sem luta, sem qualquer merecimento.

O tempo a tudo corrói

Tempus edax rerum, diziam os antigos. De fato, "o tempo corrói todas as coisas". A começar por nós, humanos, que temos dia marcado para partir desta para a melhor. O mundo se transforma a cada dia, as coisas se substituem ou se renovam. E a vida das pessoas sofre mudanças contínuas, ainda que elas não se deem conta. Nada é eterno debaixo do sol, nada é definitivo. Tudo muda muito rápido: o que hoje é novidade, amanhã será banalidade, e o moderno de ontem, agora passou a ser conservador.

Fanatismo religioso

O fundamentalismo religioso é cego, arrogante e presunçoso. Ele não admite pensar na possibilidade de que, talvez, o que se defende como verdade, seja equívoco. Ele é, além do mais, limitante, já que o seguidor fanático sequer levanta ou admite a hipótese de que sua religião possa, na realidade, ser uma seita. E o que é mais digno de pena, é que para muitos a sua religião é verdadeira pelo simples fato de ter nascido nela. Ou seja, se ao invés de masdeísta tivesse nascido hinduísta, ele defenderia o hinduísmo da mesma forma, com unhas e dentes.

Discernir o seu potencial

Vemos que inúmeras pessoas passam pela vida ignorando seu potencial verdadeiro. Parece bastante deprimente a ideia de viver toda uma existência sem conhecer sua principal habilidade, ou habilidades... Mas é o que ocorre, lamentavelmente, com inúmeras pessoas.

O Brasil tem sido um celeiro de revelações do futebol, jovens que se destacam no mundo da bola são transferidos para outros países e lá percorrem uma carreira de fama invejável. Porém quantos outros ignoram que têm tanto talento ou mais que seus conterrâneos de sucesso? Muitos, por capricho do destino, então enfurnados em situações que nunca permitirão que eles explorem e desenvolvam o melhor da sua capacidade.

O futebol é a paixão nacional, entretanto há qualidades bem mais expressivas e nobres, como arte musical, oratória, docência, talento para a área de saúde, arquitetura, literatura, direito, vocação religiosa, etc. É preciso ter sabedoria e mente aberta para buscar e explorar o nosso potencial, pois inúmeras são as habilidades.

Também é importante ter presente que ninguém nasceu para ser um zé-ninguém, um inútil, um ser incapaz de desabrochar alguma qualidade superior e fazer-se respeitar. Por isso Sócrates exclamava: “Conhece-te a ti mesmo!”.

Exposição

Lugar de desabafo é no divã. Expor seus sentimentos em redes sociais não vale como terapia. E a depender da frequência com a qual você se expõe, irá desgastar em muito a sua imagem.

Seitas

Para toda tese há seguidores. Por mais exóticas que sejam as doutrinas ou filosofias de vida, sempre haverá quem as defenda e siga como verdade absoluta. Por isso há tantos movimentos religiosos e tantas seitas por aí.

Se não houver equilíbrio, o idealismo se torna uma faca de dois gumes. Se por um lado ele é capaz de levar pessoas a atitudes de entrega e heroísmo, por outro pode conduzir o idealista a uma total alienação. E é aí que mora o perigo...

Cuidem para que seus filhos não sejam vítimas desse tipo de cilada. O mundo está cheio delas.

América Latina

Desde de sua independência, os países da América Latina continuam a agir como se não tivessem alcançado a maioridade: desorganização, imaturidade, anarquia, violência, corrupção, esquizofrenia política, golpes de estado, ditaduras mão de ferro... Numa palavra, incompetência política e governamental.

Relacionamentos intensos

A vida é cheia de situações bizarras. Keanu Revees encenou com Sandra Bullock e os dois ignoravam que um tinha uma queda pelo outro. Confessaram isso anos mais tarde, separadamente, num programa da TV norte-americana que entrevista celebridades. Ela achava, inclusive, que alguma coisa em si não o agradava. No filme em que foram protagonistas, o personagem de Keanu diz uma frase para lá de verdadeira, que não tem a ver com a atração que um tinha pelo outro, mas que vale a pena destacar: "Relacionamentos muito intensos não costumam dar certo"... E não dão mesmo!

Sites e aplicativos de relacionamento

Não se pode negar que os aplicativos e sites de relacionamento são a cara do avanço tecnológico. Inclusive as estatísticas apontam para o crescimento ano a ano de gente que se casou com alguém que conheceu pela Internet. Mas também não se pode negar que é uma faca de dois gumes. Para criar uma figura ilustrativa, pode-se afirmar que os sites ou aplicativos de relacionamento funcionam como uma vitrine. Imagine uma criança diante de uma vitrine cheia de doces, ela olha para uma bomba de chocolate, pede a bomba, mas, de repente, vê uma tortinha de morango, acha mais atraente; depois troca por uma torta de cereja ou damasco... Muitos agem dessa forma tal e qual. Por isso acontece de o cidadão ou cidadã estar conversando com alguém, parece que a conversação vai amadurecer, mas acaba trocado(a) por outra opção mais atraente ou interessante – ainda que aparentemente. Isso para não falar em gente problemática e má intencionada, que já são outros quinhentos...

De coração!

Uma coisa é escrever com a pura razão textos com belos princípios, outra é redigir algo com pensamentos que nascem do coração. Não à toa Pascal afirmou que o coração tem razões que a razão desconhece.

Aprendizado

Não extrair o bem do mal, não absorver um aprendizado de algum revés, equivale a sofrer inutilmente. A vida, mestra incomparável, vai nos ensinando como trilhar os caminhos no presente, e a reflexão vai nos ajudando a entendê-la.

Falta de educação

Problema insolúvel para quem é educado é esperar da outra parte reciprocidade. Se você é educado, seja também resignado...

Ganhar no grito

Escrever *posts* em letras maiúsculas nas redes sociais é como querer ganhar uma discussão no grito. Pode parecer estranho, mas existem regras de etiqueta voltadas para a Internet da mesma forma que existem regras de civilidade voltadas para o convívio social. Evitar escrever frases em letras maiúsculas é comportar-se de forma educada.

Coice

Quem argumenta com cavalo, está sujeito a levar coice. Não perder tempo com gente incivilizada equivale a evitar maiores aborrecimentos. Nesses casos, o silêncio é a melhor resposta.

Gratidão e obrigado

A nova moda é responder ***gratidão*** em vez de ***obrigado***. É bom que fique claro: gratidão é sentimento; ***obrigado(a)***, ***muito grato(a)*** e ***agradecido(a)*** é resposta. Não se pode confundir os termos.

Bom conselho

Os melhores conselhos nascem das melhores e piores experiências. Há quem diga que a experiência é um acúmulo de fracassos. Na verdade, ela é um acúmulo de fracassos e êxitos também.

“Ok” e deseducação

A mania de responder às pessoas com um simples "ok" é incômoda demais. O homem civilizado é todo atencioso, explica tudo com cuidado e esmero, etc., mas em troca recebe um "ok" de resposta. Troque o seu "ok" por um "Sim! muito obrigado(a)!" ou “Está muito bem! Obrigado(a)!”. Educação não mata e é sinal de respeito ao próximo.

Novelas

Se a vida fosse igual às novelas, haveria 70% de barraco, 25% de sexo livre e solto e 5% de diálogo.

Inteligência emocional e paciência

Curioso quando a ciência vem concordar, ainda que de forma acadêmica, com os sábios do passado, sejam eles de origem chinesa, indiana, árabe, grega, romana ou cristã. Fala-se muito hoje em "inteligência emocional", no passado, falava-se em virtude da paciência, mansidão, equanimidade, etc. A sabedoria pede cuidado e reflexão antes de tomar uma atitude precipitada. A tal história de que não se pode conter uma pedra atirada, uma flecha lançada ou uma palavra dita. O certo é que pensar bem antes de agir é uma forma excelente de se evitar maiores problemas e desastres. Inteligência emocional não é exatamente a mesma coisa que a prática virtuosa da prudência, mansidão e da paciência, pois elas partem de pontos e motivações distintas, mas obtêm resultados bem semelhantes...

Convite à reflexão

Filmes, novelas e seriados baseados substancialmente em contínuos conflitos parecem a morte da criatividade. Tem-se a impressão de que existe uma incapacidade por parte dos produtores de produzirem a verdadeira arte dramática, com conteúdo de melhor quilate. Não é questão de acidez ou mau-humor, nem exagero. Parece, à primeira vista, que o que importa mesmo, no fundo, é o que dá audiência. Por isso a regra do vale-tudo.

Sensatez

Não é verdade que pessoas inteligentes criam frases inteligentes e as burras as repetem. Primeiramente, tem muito burro dizendo frases burras que são repetidas por gente burra, descuidada ou superficial. Pessoas inteligentes podem proferir frases inteligentes ou não que são repetidas por pessoas inteligentes ou não. Nessa vida, tudo é muito mais relativo do que parece... Vê-se gente inteligente dizer coisas disparatadas, desencontradas, assim como se pode ver gente burra dizendo coisas para lá de sensatas. Às vezes se trata de um *insight*, um sobressalto, enfim, a vida não é exata como a matemática...

Valor da experiência

Quando um adulto vê jovenzinhos batendo cabeça aqui, lá e acolá, a inclinação dele é transmitir-lhes coisas que a vida nos ensina, situações pelas quais passou, tudo quanto aprendeu, etc. No entanto, quando a pessoa não teve a mesma vivência, não atravessou pela mesma situação, ela não dá o valor devido, incorrendo muitas vezes no mesmo erro de que foi advertida. Como exemplo, pode-se citar a filha que se torna mãe-solteira no início da sua juventude, apesar de todas as admoestações de seus pais. É por isso que, muito inspirado, Henri Estienne (1531-1598), célebre escritor francês humanista, escreveu: "Ah! Se a juventude soubesse e se a velhice pudesse!" (*Ah! si jeunesse savait, si vieillesse pouvait!*).

Fake news

Compartilhar notícias falsas quando você se engana é descuidado e ingenuidade, mas compartilhá-las com a intenção de prejudicar o outro lado, mesmo tendo ciência de que é montagem, é mau-caratismo.

Ideologia e amizade

Uma coisa se deve ter bem claro neste mundo louco em que vivemos: é preciso separar ideologia e política de amizade. Nunca a gente deve se afastar de um amigo porque ele apoia determinado partido ou porque é de esquerda, centro ou direita. Sábio foi Shakespeare, quando afirmou que há mais coisas entre o céu e a terra do que suspeita a nossa vã filosofia.

Sincericídio

"Sincericídio", em muitas ocasiões, é uma forma eufêmica de grosseria. Ele tem seu papel em situações pontuais. Fora isso, é indelicadeza. Há quem se orgulhe de ser "sincericida" como forma frequente de agir.

Vida real x virtual

A vida real deve tomar a frente da virtual. Lamentabilíssimo quando isso se inverte. Frequentemente essa contrariedade ocorre em nossos dias, sobretudo pelas gerações mais recentes. O vício pelo digital se dá de forma sorrateira, mas não menos deletéria à saúde física e mental. Mais convívio com os pais, avós e filhos; mais conversa presencial com parentes e amigos; mais natureza e mais amor de modo geral. Mais jogos esportivos e menos eletrônicos; mais livros na sua cabeceira e menos celular.

Eu versus o outro eu

É curioso quando estranhamos a si mesmo. Mas é o que acontece sempre que escorregamos em termos de inteligência emocional, sempre que um ato de impaciência ou rudeza nos torna pessoas feias e intolerantes. É o nosso outro eu. Essa dualidade de gênios que existe dentro de nós e que nos faz amargar situações que deixam muito a desejar.

Ele é "o outro" porque não representa o nosso "eu" constante, mas acaba sendo responsável por acidentes de percurso que custam muito caro. Às vezes responsáveis por verdadeiros desastres. Pelo menos dá para tirar lições disso. É o bem que a nós podemos tirar do mal. Faz-nos entender melhor o livro de São Francisco de Sales: "A arte de se aproveitar das próprias faltas".

Sentido da vida

Enquanto alguns indagam sobre o sentido da vida, outros questionam se ela faz algum sentido.

Os melhores pensamentos

Os melhores pensamentos são aqueles que a gente não registra e não diz a ninguém. Calam fundo na alma! É como as melhores imagens do pôr do sol, você fica de tal forma deslumbrado, que não se recorda de registrar.

Criticismo

O indivíduo vale pela capacidade que ele tem de construir algo bom. Criticar e destruir qualquer um consegue. Essa é a diferença capital entre um crítico ácido e estéril e um observador que colabora com o progresso da humanidade.

Somos o que somos no presente

A humanidade tem uma dificuldade muito grande de encarar a pessoa no seu presente. Querendo ou não, somos o que somos no presente. O passado é carregado de experiências, e elas nos servem como plataforma para o que seremos no futuro. Causa entristecimento ver uma pessoa que mudou consideravelmente ser julgada pelo que foi, não pelo o que ela é de fato.

Razão x sentimento

É o grande dilema que divide a humanidade, e é o que está em jogo, hoje, no Brasil no que diz respeito às nossas lideranças. Muita gente é agredida pela realidade, então percebe que um determinado líder não é tudo aquilo que imaginava. É como a imagem de um deus que tem pés de barro, de repente desmorona aos olhos de todos. No entanto, a falta de honestidade fará com que alguns o defendam com unhas e dentes. Ou seja, entre razão e sentimento, preferem optar pelo segundo. É a cegueira moral levando os insensatos para o abismo.

Cavalheirismo

Gentileza se deve ter até com outros homens. Você deve ser cavalheiro com crianças, mulheres, idosos, jovens, homens maduros... Por exemplo, oferecer numa comemoração encher o copo de um convidado desconhecido com um suco ou outra bebida servida. Convencionou-se chamar cavalheirismo a gentileza acompanhada de romantismo, mas isso é diminuir em muito a essência do cavalheirismo. Você dar um buquê de flores a uma senhora idosa também é uma forma de delicadeza admirável. Ser gentil, cavalheiro, é uma conquista da civilização que tem sido ameaçada pelas ideologias corruptoras da moral. Ser alvo de uma gentileza cavalheiresca não é fraqueza, mas fruto da civilização.

O devido valor das coisas

Certa vez, numa conversa que tivemos, um padre amigo afirmou algo que no momento pareceu-me superficial e subjetivo. A vida, porém, vai nos ensinando que a afirmação dele estava (e está) para lá de certa: "As coisas têm o valor que a gente dá". Ou seja, você em boa medida pode evitar aborrecimentos dando um valor ínfimo a questões que não merecem tanta atenção e preocupação. Em sentido contrário, dar maior atenção para aquilo que, verdadeiramente, merece maior consideração.

E viva a ideologização!

A ideologização cega as mentes, porque há quem sacrifique os seus princípios e a honestidade para fazer política com base na ideologia. Faz lembrar da ocasião em que uma profissional gabaritada foi alertada de que estava postando notícias falsas a respeito de determinado partido político. Quem a alertou julgava que ela não tivesse ciência de que as notícias fossem *fakes*. No entanto, ela respondeu que se era sobre tal partido, não importava se tais notícias eram falsas ou não, importava prejudicar a causa adversária. Ou seja, não é problema de ser esquerda, centro ou direita, a questão é ideologizar para tirar o máximo de proveito. Daí que a gente não deve se surpreender se, de repente, num importante canal de TV, um monstro (estuprador e pedófilo) é transformado em vítima da "sociedade mesquinha". Não se trata de espancamento virtual, mas deixar as coisas bem claras. A opinião pública, sim, tem sido vítima de manipulação constante, não importa se é de parte da mídia, dos políticos ou de formadores de opinião.

Home office

Trabalhar em casa pode parecer muito vantajoso, porém, como tudo, tem ônus e bônus; requer muita disciplina, até para não trabalhar mais horas do que o recomendando. Pode haver desequilíbrio tanto para mais como para menos. De forma hilária, há quem tenha apelidado essa forma de trabalho de "dorme *office*"; mas o outro lado da moeda tem revelado que muitos se transformam em *workaholics*.

Durante a quarentena em virtude da Covid-19, o *home office* passou a ser algo muito mais comum. Porém, para um autônomo, a depender do formato de negócio, deve ser entendido como uma fase, não como algo a se perpetuar. O *home office*, pelo menos na maioria das vezes, deve evoluir para um formato por onde não só você trabalha, mas uma equipe de pessoas selecionadas, mesmo que *online*. Do contrário, financeiramente você sempre estará limitado aos seus braços e ao seu limite de tempo. À medida que mais trabalho vai entrando, percebe-se que é preciso compartilhar sua atividade com outros engajados no mesmo projeto. Se não for assim, o negócio nunca irá decolar.

Linchamento da língua pátria

Legal ver o povo compartilhando *posts* de terceiros cheios de erros de português e achar que está abafando por conta da "lacração" contra quem é de direita ou esquerda. Vamos amar com mais intensidade a nossa língua! Não compartilhe *posts* com erros de ortografia, concordância, acentuação, etc., mesmo que o autor tenha tido uma boa sacada, uma boa tirada... Se desejar mesmo compartilhar, compartilhe a frase, mas não os erros.

Sentimento de desconfiança

O que há de pior nessas grandes decepções políticas é o sentimento de desconfiança que se estabelece dentro dos membros de uma nação. Os nacionais sentem-se que foram repetidas vezes enganados. Daí nascer dentro de cada brasileiro um ceticismo próprio de quem não vê mais esperança de o país, realmente, deixar de lado a velha política e ocupar um lugar de nação respeitável.

Fundamentalismo

A lógica não tem lugar na mente dos fanáticos. Aquela tal história: "tem gosto de sabão, mas eu juro que é queijo!". Negar a verdade conhecida como tal é uma das formas mais retumbantes de cegueira. O problema não está em enganar-se, ainda que por anos, o problema está em não reconhecer que suas convicções estão na direção errada, insistindo em defender o erro.

A obstinação frequentemente se traveste de convicção. A obstinação tem muito de orgulho velado e de comodismo. É mais fácil ficar na zona de conforto do que reconhecer que uma determinada ideia está equivocada. Isso se torna um empecilho à evolução pessoal. É preciso humildade, coragem e honestidade intelectual para reconhecer que determinada crença não passa de equívoco e ignorância. Por sinal, o reconhecimento é um passo determinante para o crescimento espiritual.

Superficialidade

Superficial é a visão que você tem das coisas quando segue a "lógica simples". Ou seja, não analisa a complexidade do contexto. Um olhar mais detido irá revelar uma realidade que só percebe quem não se apressa em tirar conclusões. Aí entra a lógica pra valer, aquela que não descarta as nuances.

Pérola aos porcos

Se você atira pérola aos porcos, não espere que eles arrotem pérolas. Se você oferece sensatez, conselho e ensinamentos a quem só quer o banal, o trivial, não espere que ele corresponda às suas expectativas. Debata com quem tem boa vontade de escutar a opinião adversa e refletir a respeito. Com quem busca a verdade. Do contrário, está desperdiçando o seu tempo.

Convivência

Cada vez mais a gente se convence de que a grande arte da vida é saber conviver com o ser humano. Nada exige mais sabedoria e inteligência emocional do que isso. Muita gente prefere conviver com os animais, pois é fato que eles são muito mais dóceis quando domesticáveis. Mas nada substitui a interlocução humana.

Vida conjugal

É a magia do amor – responsável em grande medida pelo desejo de duas pessoas se unirem – que tende a desaparecer no dia a dia da vida conjugal. Na rotina, o amor primaveril corre o risco de se evaporar. Se o amor não for cultivado diariamente, a relação se torna tristemente prosaica e sem sentido.

Imbecilização

O pior da imbecilização, é que o imbecil raramente se dá conta que está imbecilizado. Não é tão simples de se resumir um imbecil em poucas palavras, mas o "imbecil" ou "imbecilizado" (talvez seja a forma mais correta) é o indivíduo que acredita em tudo que lê sem buscar aprofundamento, sem buscar saber se aquilo procede ou não. É o indivíduo que segue a moda, que não tem opinião formada a respeito das coisas, que compartilha tudo o que lê, vê ou assiste. É um indivíduo despersonalizado pelo sistema. De certa forma, ele é vítima do sistema por não ser crítico o suficiente. O gado é imbecilizado por natureza. A tal diferença entre povo e massa.

Revolução cultural

O maior inimigo hoje da civilização chama-se revolução cultural. Ela busca continuamente inverter valores e destruir a família. Até os que negam isso estão sendo prejudicados por ela.

Bestialização

Enquanto os humanos procuram humanizar os *pets*, assistimos em paralelo a bestialização dos humanos.

Narcisismo moral

A melhor forma de perder uma qualidade é se deleitar com ela. Isso se intitula narcisismo moral.

Frases coringas

"Ah, não deu certo o emprego?! Então não era pra ser...". "Ah, não deu certo o relacionamento?! Então não era pra ser...". A frase é completamente vazia e descabida de lógica. A pessoa aprende desde criança a repetir isso porque ouviu dos pais, que, por sinal, ouviram dos avós, sendo que estes ouviram dos seus antepassados, etc. No fundo, a pessoa não tem algo de mais substancial e adequado para dizer, então apela para esses coringas que em nada ajudam quem precisa.

Políticos e bem comum

Políticos não visam o bem comum, visam o seu bem particular, salvo raríssimas exceções. Por isso, quando são oposição, não esperam que sua cidade, estado ou país deem certo, mas que tudo dê errado para tomar o lugar do oponente na próxima eleição. Já pensaram o quanto isso é deprimente?! É por isso que esse nosso sistema, falsamente democrático, nunca irá dar certo enquanto não houver uma mudança substancial de princípios morais.

Vitimismo x excesso de culpa

Esses dois extremos paralisam a evolução do ser humano. O primeiro olha para trás e sempre se enxerga vítima dos outros, nunca o vilão. Nas suas escolhas, o tempo todo foi o injustiçado, nunca o injusto; o tempo todo foi prejudicado, nunca o malfeitor. O lado oposto é olhar para trás e só enxergar os momentos em que andou mal, os momentos em que foi injusto, tendo dificuldade de considerar o lado positivo de seus atos. Em geral, o "culposo" teve mais atitudes boas do que reprováveis, porém, a concepção depressiva que ele tem a respeito de si o faz sentir-se o único errado da história. Sem reconhecimento desses desvios, sem terapia, sem um trabalho evolutivo, o primeiro será um "eterno" imaturo; já o segundo um "eterno" derrotado.

Herói ou famoso?

Um esportista, um atleta, um astro de cinema não é um herói. A realização pessoal não é heroísmo. A não ser quando ela se confunde com atos de abnegação, ajuda ao próximo, uma vida em defesa de valores e princípios. Quando um filho se joga à frente da mãe para levar um tiro, como aconteceu há poucos anos no Brasil, ele se realizou como filho e como herói. Deu a vida para salvar a quem amava de forma incondicional.

Muito cuidado ao ouvir a mídia atribuir o título de herói a um jogador de futebol, um ator, um músico... Uma coisa é ser famoso, outra é ser herói.

Adversidades

Com o tempo, a gente aprende que há duas formas de encarar as adversidades: uma é se lamuriando, encarando de forma revoltosa, inconformada, irritando-se, etc.; outra, como desafio, oportunidade de crescimento, como enfrentamento de algo que irá me fazer visualizar novas perspectivas, fazendo-me progredir, etc.

Não significa que num primeiro momento eu não me sinta descontente, contrariado, mas o segundo momento é que irá fazer a diferença: se eu irei tomar como derrota ou oportunidade de evolução.

Antes do WhatsApp, depois do WhatsApp...

Com o aumento da velocidade provocado pelos contínuos avanços da tecnologia, as pessoas exigem também que os humanos acelerem suas atividades da mesma forma. Não somos computadores nem robôs. Nosso físico e mente obedecem a um ritmo orgânico, não cibernético. Ou seja, receber mensagens numa quantidade esquizofrênica não pode nos fazer bem, pois é muito desproporcional à nossa velocidade; é por demais insano. E de tal forma, que hoje podemos falar no trabalho "antes do WhatsApp / depois do WhatsApp".

Rocky Balboa

Certa vez alguém me disse, sabiamente, que durante a luta da vida o maior problema não é apanhar, mas cair e desistir. Pegando carona nesse pensamento, vê-se que a experiência mostra que saber apanhar é, de certa forma, estratégico. Mais ou menos como o fictício lutador de boxe Rocky Balboa, que apanhava, apanhava, caia, se levantava, mas não desistia do ringue. Até o momento em que ele desferia os golpes certos que levavam o adversário ao nocaute. Penso que é uma boa figura para se ter presente ao enfrentar os desafios do dia a dia.

Autossabotagem

Ela é tão contraditória, porém tão presente na vida das pessoas... Em algumas, a autossabotagem está presente de forma especial.

Só uma boa terapia, uma boa análise para ajudar a pessoa a enxergar e tentar expurgá-la de si. É uma espécie de vitimismo velado, porque ser vítima tem seu lado "gostoso" e compensador, chama a atenção das outras pessoas para si. No entanto, é algo mais sério do que parece, pois compromete sua carreira, suas relações amorosas e, até, impede você de ganhar dinheiro. Vale a pena refletir a respeito, pois a nossa mente pode trabalhar contra nós.

Corpo ideal

Brasil é número um em cirurgias plásticas voltadas à estética. Lamentavelmente, muitas delas levam a pessoa a óbito. Boa parte dessas intervenções são pagas por mulheres jovens que, apesar de bonitas, não estão satisfeitas com o seu corpo. O mais impactante é constatar que várias delas não tem faculdade, mas pagam muito acima para ter um corpo "ideal". Por sinal, o que caracteriza, realmente, um corpo ideal? Em vez de uma intervenção cirúrgica em prol da estética, valeria mais a pena um tratamento psicológico para enxergar-se de forma mais sensata e com a devida autoestima.

Racismo

Racismo é sinônimo de pouca evolução mental e espiritual, entre outras constatações, porém sempre causa mal-estar o silêncio em torno do racismo quando é perpetrado pela vítima. Consta, nas biografias de Muhammad Ali, que ele, entre outras bandeiras, lutou contra o racismo. Até aí, sem novidades, mas o que dizer quando ele provoca um oponente (também de origem afro) e o chama de gorila? "Ah, ele não se referia à cor do adversário!" Pois bem, então vamos pôr essas mesmas palavras na boca de um oponente de origem europeia ou asiática para se entender o quanto o termo é ofensivo. A ofensa não é menos ou mais grave em virtude da cor de quem a profere, mas é ofensiva em si. Ponto final!

"Adestrando" um ser humano

O que dizer quando você ouve do Dr. Pet (Cesar Millan) que ele, "Como terapeuta canino, jamais trocaria um filho por um animal de estimação". Sim, ele lidou com um caso onde o filho adolescente não era a prioridade da atenção da mãe. Fica longo explicar aqui, mas o profissional foi também psicólogo ao ponto de fazer a mãe do menino entender a diferença entre tratar um cão e tratar o seu filho. Ao se despedir, o garoto disse ao Dr. Pet:

– Obrigado por adestrar o meu cão!

Ao que ele respondeu:

– Eu não adestrei o seu cão, mas a sua mãe.

Pelo menos ela reconheceu que o problema não era o *pet*, mas, sim, a forma como ela lidava com o animal.

Maior e mais forte

Uma amiga me contou uma história que para ela não serve, claro, de inspiração, pelo contrário, é uma má recordação... Tempos atrás ela fez um procedimento para romper um cálculo renal de maneira a evitar uma cirurgia invasiva e dolorosa. O cálculo se partiu em pedaços, porém, mais tarde, esses fragmentos se uniram e formaram uma pedra ainda maior. Ainda que a origem dessa metáfora não seja boa, serve de lição: mesmo que algo te faça em pedaços, lembre-se que você pode sair dessa situação maior e mais forte! Para o bem ou para o mal, os acontecimentos nos servem de lição.

Perda de tempo

Com o tempo a gente aprende que quando um idiota argumenta de maneira fiel à sua idiotice, perder tempo refutando-o é tão imbecil quanto o que ele disse. Relevar na maioria das vezes é o mais sábio a se fazer.

Curioso paralelo

Por ocasião da morte de qualquer pessoa, ainda mais quando se trata de um famoso, surgem comentários, *flashes*, resumo da vida; pesa-se os prós e os contras, as falhas e os méritos. Parece que o mundo congela para que seja feito um balanço da vida da celebridade. Curioso pensar como isso se assemelha muito à ideia corrente de que, após a morte, seremos julgados por nossas obras no juízo particular, e, no fim do mundo, no Juízo Universal.

Vida de astro x vida pessoal

Uma coisa é considerar o astro ou a estrela por seu talento e brilho, outra é considerar a sua vida pessoal. Maradona, por exemplo, foi libertino, violento, companheiro infiel, problemas com drogas, etc. Se a gente for julgar todos os ídolos pela vida pessoal, não sobra muita gente... Marlon Brando, por exemplo, mudou a história do cinema, e, a tal ponto, que se pode falar em Hollywood antes e depois dele. Mas a vida privada do ator deixava muito a desejar. É melhor reverenciar o ídolo no que diz respeito ao seu talento, não tomá-lo como exemplo. Se formos investigar a vida pessoal de muitos homens e mulheres que marcaram o Brasil e o mundo... Muita gente, cujo talento nos encanta, tem uma conduta nada modelar. Por sinal, a vida de todos nós tem seus altos e baixos. A tal história de "atire a primeira pedra quem não tiver pecado"...

Sílvio Santos é o maior comunicador brasileiro de todos os tempos, mas quando ele morrer[1], será questão de tempo para aparecer um cidadão atirando pedra. Ele está atirando pedra no famoso, mas não olha para os próprios defeitos. Ainda sobre Maradona, legal o que disse o Falcão, guardadas todas as proporções: "Maradona com a bola foi um deus, sem a bola foi humano".

Para lançar mais um ingrediente no assunto, vale lembrar o que um jogador espanhol do Barcelona comentou a respeito de outro argentino, o Messi. Segundo o seu colega de clube, Messi, entre outras virtudes, tinha a seu favor o fato de que ele não era notícia fora de

---

[1] Essa frase foi escrita anos antes da morte do Senor Abravanel.

campo. Ele fazia alusão a escândalos de um outro jogador famoso na época.

Importante ter presente que existe um limite por onde a vida pessoal não obscureça a vida do esportista, artista, político, ativista, idealista, religioso, etc. Nesse sentido, pode-se citar o goleiro Bruno, que se tornou célebre no Flamengo, mas que depois cometeu um crime tão hediondo, que maculou completamente a sua carreira. Mais recentemente tivemos o caso de Robinho, que destruiu a carreira dele e a sua reputação ao ser acusado e condenado por crime de abuso sexual na Itália. Ayrton Sena é um exemplo no sentido contrário: pouco se fala de sua vida pessoal.

Pois é! Existe aí um limiar que, se for ultrapassado, compromete realmente a reputação do ídolo.

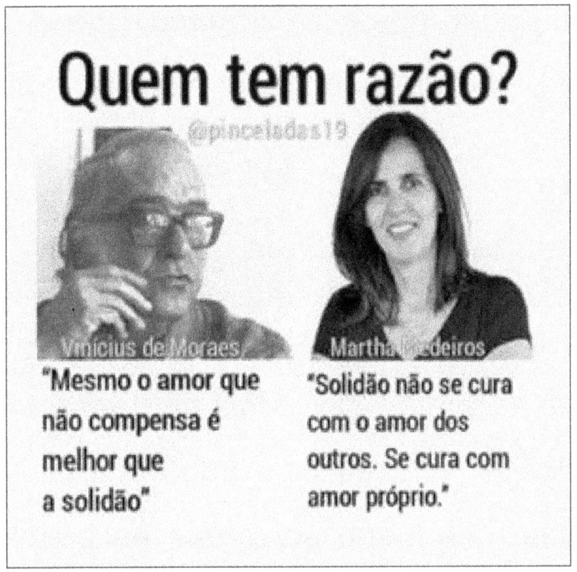

As frases transcritas na ilustração acima revelam um verdadeiro dilema. Porém vale o velho ditado: "melhor só, que mal acompanhado". Uma pessoa desagradável, áspera, conflitante, de gênio difícil torna a vida a dois um tormento. O que talvez possa mediar a questão se concerne nas escolhas que fazemos. Se fizermos por impulso, a probabilidade de se dar mal é grande; se fizermos seguindo só a razão, torna a escolha árida demais. Qual a saída? Parece que a melhor fórmula é manter o equilíbrio entre o coração e a razão.

Reviravoltas da História

"Amo a traição, mas odeio o traidor." Frase de Júlio César que foi, por ironia do destino, traído e assassinado por seu filho adotivo... Quando da afirmação, o romano se referia às traições que ajudaram Roma a derrotar muitos inimigos. As traições eram bem-vindas, mas os traidores vistos como a escória da humanidade. Sempre que se fala em traição, a figura principal que surge à mente dos cristãos é a de Judas Iscariotes, que entregou Jesus Cristo às autoridades judias, e estas, por sua vez, o entregaram aos romanos.

Receitinhas de autoajuda

No volume 1 desta obra[2], comentamos sobre o quanto as frases de senso comum podem desapontar quem está passando por algum sofrimento: "vai dar tudo certo!"; "Se Deus quiser não vai acontecer nada!"; "Já deu tudo certo!"... Em vez de tentar "consolar", melhor é ouvir e mostrar-se sensível ao problema, à dor da pessoa. Não está se falando em aconselhamento, em oferta de soluções concretas, mas aquele tipo de lugar comum, clichê, que tem como intenção consolar a pessoa, mas na verdade passa a impressão de que o ouvinte não se deu muito conta da gravidade do problema, seja ele real ou não. Ou, pior, que não está dando importância,

---

[2] Pode haver estranheza, mas refere-se a outra edição. A edição atual, revista e ampliada, uniu os dois volumes de Frases e Pensamentos.

então lança uma frase coringa para mudar de assunto.

Aquelas tais receitinhas de autoajuda que não curam ninguém, só sobrevoam o problema, sem entrar no âmago da questão. Muita coisa desse estilo se insere dentro do mercado de consumo. Gente que se especializa em escrever de forma até fluida e agradável, mas rasteira, cosmética... O objetivo principal é ganhar dinheiro. Aí vem o povo que odeia "textão", mas adora consumir água com açúcar, comprando esse tipo de livro aos montes. Por isso a massa de manobra é tão volumosa.

Visão madura do amor

Independentemente do viés religioso, a frase a seguir de São João da Cruz (1542-1591) realmente impressiona: "No entardecer desta vida, sereis julgado segundo o amor!". No mesmo sentido, Pe. Reus (1868-1947) afirmava: "o que há de mais sublime é o amor". Entende-se perfeitamente que é o amor como um todo, aquele que você deixa de ter por quem deveria receber o seu amor, o amor que você deu, que você recebeu, que você desprezou, etc.

O universo nos oferece seu amor o tempo todo. Uma flor que você olha e admira, é uma demonstração do amor do universo. Uma fruta que você saboreia, a terra onde você pisa, o sol que ilumina e nos aquece, a chuva que refresca, que rega a lavoura, o sorriso de uma criança, o carinho dos seres humanos e dos animais...

Pode-se falar perfeitamente na bondade do amor. São Francisco tinha uma sensibilidade fenomenal para com a natureza. Ele estava muito à frente de sua época, muito à frente até de nossa época, essa é a verdade!

Titanic

O curioso de quem defende a tese de que foi um castigo pela fala blasfema do proprietário do navio, é não raciocinar no absurdo e no ilógico dessa afirmação. Será que, por causa de um desmiolado arrogante, um monte de gente inocente morreria? Imagine pensar num deus que mata milhares por causa de um. No mínimo ele seria sádico e psicopata, mais parecido com o Zeus do Olimpo, não com Cristo, que morreu por nós da Cruz. Seria muito mais fácil fazer o coração do sujeito parar em meio à viagem do que punir inocentes. É por isso que é preciso tomar cuidado com o senso comum, pois nem sempre ele reflete sabedoria. As pessoas costumam reverberar o que ouviram desde criança de forma meio irracional. Portanto, é preciso saber distinguir.

Por sinal, em se tratando de História, quando se lê a respeito do assunto de maneira mais aprofundada, vê-se que não houve nenhuma faixa no navio afirmando que era a embarcação que nem Deus afunda. Isso foi uma invenção hollywoodiana, algo fantasioso, para dar mais sabor à trama.

Culpa e desculpa

Nunca se desculpe com alguém por ter sido mal interpretado. Se sua ação foi correta, se suas palavras foram ditas corretamente, o outro é que deve se desculpar por ter lhe interpretado de forma equivocada. Uma coisa é procurar esclarecer que houve um mal-entendido, outra é pedir perdão sem que haja culpa. Pedir perdão nunca é sinal de fraqueza, mas desde que haja verdadeira culpa, do contrário, não faz sentido algum.

A intensidade tem o seu preço

Eis o problema! Pessoas mais tranquilas no início do relacionamento podem não empolgar, dando espaço para gente mais intensa, porém a intensidade tem o seu preço. Está mesmo disposto a pagar por ela? Não é um caminho que promete paz...

Sobre avaliar uma ação do governo

Independentemente da ação do Governo, o que atrapalha o nosso discernimento é que é preciso sempre atravessar uma floresta de *fake news*, opiniões precipitadas e tendenciosas, para, depois, saber o que realmente é verdade. Em seguida é possível julgar se o ato foi bom, ruim ou inadequado. Sem esse cuidado, a gente corre o risco de condenar de forma injusta ou elogiar de modo ingênuo.

Mudanças contínuas

Quem não é rico não pode se acomodar. Ainda mais em nossos dias, quando tudo está para lá de instável e a inteligência artificial vai mudando radicalmente o mercado de trabalho. Nenhum antepassado viveu o que nós estamos vivendo em termos de mudanças contínuas, sem contar a overdose de notícias do mundo todo chegando em tempo real. Isso é muito inorgânico. Tudo corre com uma velocidade vertiginosa e alucinante. É de se perguntar como não enlouquecemos. O nosso cérebro até tenta se adaptar às circunstâncias, mas isso tem consequências, tem impacto sobre a nossa saúde.

Conhecer o outro lado

Quer morrer na mais desoladora ignorância? Nunca ouça a outra parte. Já, se você quiser buscar a sabedoria, não seja ingênuo a ponto de julgar que o que você pensa seja a mais pura verdade. Como é possível eu ter certeza de que estou com a razão se desconheço o outro lado a fundo?

Se você é de esquerda, ouça os argumentos da direita. Se você é de direita, ouça os argumentos da esquerda. Se você é vegano, ouça os argumentos dos que comem carne. Se você come carne, ouça os argumentos dos veganos. Se você é protestante, ouça os argumentos dos católicos. Se é católico, ouça os argumentos dos protestantes.

Atribuem a Thomas Fuller, escritor e historiador inglês (1608-1661), a seguinte frase: “Pobre do homem de um livro só!” Seja lá qual for a sua ideologia, credo, corrente de pensamento, gosto, etc., sempre procure conhecer a fundo o que pensam os outros. Ainda que seja para você ter mais elementos de persuasão e se solidificar na sua posição. Se não conhece os argumentos do outro lado, Como pode ter certeza que está certo?

Não à toa existe uma máxima em direito que diz: *audiatur et altera pars*, "que a outra parte seja ouvida". Se você só ouve a si mesmo, acabará terminando os seus dias refém da própria ignorância. A busca pela verdade é algo muito mais sério que um mero Fla x Flu.

Curiosa afirmação

Contardo Calligaris (1948-2021), célebre psicanalista e escritor italiano, afirmou certa vez que "o sentido da vida é a própria vida". Curiosa afirmação, uma vez que se pode viver de diversas maneiras, inclusive de maneira vegetativa. Estaria nisso o sentido da vida? À primeira vista, parece um raciocínio materialista pensar que você veio a este mundo tão somente para viver, e não importa como...

Há milênios o homem se esforça na busca por encontrar respostas que dê um sentido maior à sua existência; reduzi-lo simplesmente ao ato de viver por viver é uma visão muito biológica e limitada.

Competência e moralidade

"Não é binário! Você pode ter um dom e ser decente ao mesmo tempo" Essa frase de Steve Wosniak para Jobs, fundadores da Apple, é lapidar! Ela encerra em poucas palavras a vida moral de Steve Jobs. Pena que a História ainda não reconheceu que Wosniak era muito mais completo que Jobs; mais ser humano e melhor profissional de longe, ainda que não fosse tão genial, é um gênio que a gente espera ser um dia devidamente reconhecido. Desenvolvedor de *software* e *hardware*, além de ter alertado várias vezes Jobs sobre os erros grotescos que ele cometeu por obstinação. Se ele tivesse ouvido Wosniak, não teria fracassado quando lançou o primeiro Macintosh e não teria cometido outros erros mais que marcaram a sua vida. A forma como tratou a sua filha e a mãe dela mostra que Jobs não aprendeu nada com o erro dos seus pais quando o entregaram para adoção ainda bebê.

Foi mais forte do que eu

Quando o problema é moral, todo mundo tem como se refrear. Do contrário, o livre arbítrio estaria condicionado ao nosso mau gênio. A pessoa pode ser influenciada por mil fatores, inclusive pela índole, mas continua podendo fazer o certo. É isso que faz um juiz rejeitar a alegação clássica do réu quando diz: "cometi tal crime porque foi mais forte do que eu". Havendo consciência, não tem como alegar inocência. O mesmo princípio vale quando a justiça põe um psicopata atrás das grades.

Destino da cultura

Como já dito mais acima, o mercado de trabalho está se transformando rapidamente, e a pandemia precipitou que as transformações se acelerassem ainda mais. Hoje, sobra vaga para as áreas que envolvem tecnologia, sobretudo de inteligência artificial. A área de humanas vem sendo cada vez mais relegada a terceiro plano, o que aponta para um futuro obscuro em termos de cultura. Japão, por exemplo, estabeleceu como meta diminuir as disciplinas de humanas em suas universidades e aumentar a grade na área de exatas. O que será de nossa civilização?

Chegar lá com mérito e esforço

Claro que quem insiste, persevera e vai atrás acaba conquistando o que sonha, mas nem sempre reflete a realidade. Todo esse positivismo liberal esbarra na falta de oportunidades. Sem contar que a corrupção é outra face sinistra dessa questão, pois favorece gente que acaba alçando postos sem nenhum mérito, só na base da cumplicidade, da camaradagem, da maracutaia. Ou seja, uma meritocracia que em teoria parece justa, mas na prática é para lá de questionável. Razão pela qual há tanta gente diplomada e competente sem emprego. Outra face dura dessa realidade é a dos que são preteridos por causa da idade. São relegados ao esquecimento até pelos defensores de pautas identitárias.

O que realmente importa

As enfermidades, sobretudo as graves, elas nos ajudam a enxergar o que realmente vale a pena nesta vida. Aquilo que devemos dar valor com toda propriedade; aquilo que devemos amar com todas as nossas forças. As adversidades em matéria de saúde tem o seu propósito, pois nos fazem refletir em assuntos que, na correria do dia a dia, quando estamos sãos, passam despercebidos.

Burrices múltiplas

Assim como existem inteligências múltiplas, existem burrices múltiplas. A mais notória delas é a burrice política e ideológica. "A História é mestra da vida", dizia o romano Cícero (Séc. I a.C.). Então porque insisitir naquilo que não deu certo no passado e vem se comprovando como inviável no presente?

O que vale é a intenção

Já ensinavam os nossos antepassados que o que vale é a intenção. Ajudar com fins políticos, eleitoreiros, de exibição, vaidade, etc., mesmo que seja para pessoas que precisam, não tem mérito diante de Deus. Pelo contrário, tem demérito. Ajudar com bom coração, boa intenção, tem muito mérito diante de Deus. A gente só precisa ficar atenta para não dar pérolas aos porcos. Desconfiar sempre e dar para quem realmente precisa, não pra gente malandra, que pede ajuda com outros fins.

Evolução

Toda árvore frondosa, um dia foi uma pequena e singela semente. Toda borboleta um dia foi uma lagarta.

Alienação

O alienado não é capaz de enxergar a realidade à sua volta; pelo contrário, reduz tudo em torno de si à sua limitada compreensão. Não é mera obstinação, é cegueira mental.

Um alienado não está à procura da verdade, mas à procura de provar que está certo, e contra qualquer evidência. Não tem clara consciência da sua alienação, por isso resiste tanto em aceitar a realidade. Mas nem por isso deixa de ter responsabilidade.

Mundo virtual

O mundo virtual quer nos convencer do seguinte: "não importa se é real, importa parecer real. A simulação deve sobrepor à realidade".

Experiência da vida

Os pais gostariam de dar aos filhos, de presente, as suas experiências para que não caiam no mesmo erro, mas só podem aconselhar. Experiência não se transmite de um para o outro, como transfusão de sangue; experiência se adquire no dia a dia com a vivência. Seja como for, nunca deixe de aconselhar os seus quando for o caso. Se não aproveitarem, você fez a sua parte.

Pieguice

A pieguice é uma versão caricata e ingênua da empatia. Bom não confundir!

Quem é você na vida?

Na vida, você é quem? O jogador reclamão que cai, geme e quer chamar atenção de todos; ou aquele que cai, levanta e continua lutando?

Humanidade

Você é sempre mais gente quando é compreensível com os limites reais do ser humano, embora não seja complacente com os seus erros. Uma coisa é ser justo, outra é ser ingênuo.

Coração sem noção

Pascal (1623-1662) afirmou que "o coração tem razões que a razão desconhece". Uma frase para lá de acertada. Porém, quando a gente soma algumas décadas, coleciona histórias, acompanha o noticiário e assiste a alguns documentários, conclui que, em certos momentos da vida, o coração age de forma propriamente tola. Estamos nos referindo a pessoas que, apesar de viverem um relacionamento abusivo, insistem em continuar dentro daquele ciclo infernal. Não se está afirmando com isso que são pessoas pouco inteligentes, somente que é preciso tomar cuidado com as decisões do nosso coração. A vítima, de modo geral, é quem menos tem competência para jugar o estado de abuso e violência em que vive.

Neca de pitibiribas

Houve um tempo em que a moda era ser *coaching*, mesmo sem qualificação, agora é ser *influencer*, mesmo sem saber neca de pitibiribas.

Sanidade mental é tudo!

O que a vida tem demonstrado, independentemente de esporte, família, trabalho, estudo, etc., é que a sanidade mental tem um peso enorme no sucesso de alguém. Quando o psicológico vai mal, o barco afunda. Claro que é um processo. Se em meio à crise psicológica a pessoa busca por ajuda, quer ser ajudada, aí a coisa muda.

Incontinência verbal

Só com o tempo se aprende que, na maioria das situações, quanto menos você falar, menos terá que se explicar. Incontinência verbal custa caro!

Navegar na direção dos seus medos

Quem cresce mais? Quem navega na direção dos seus medos ou quem escolhe a zona de conforto? Embora não se aplique exatamente a essa realidade, faz pensar na frase de (Pierre

Corneille, 1606–1684): "Quem vence sem risco, triunfa sem glória!".

Zona de conforto x Ponto de equilíbrio

Qual a diferença? A zona de conforto lhe dá uma falsa sensação de segurança; parece lhe proteger, mas ela mantém você estagnado, preso numa realidade que nem sempre é favorável. O ponto de equilíbrio, em momentos difíceis, estabiliza você e o prepara para lançar-se em novos projetos, novas iniciativas, novos desafios.

Relacionamento

Falta de virtude também se traduz em mau gênio e instabilidade. Falta de estabilidade emocional por egoísmo, narcisismo, etc. Relacionamento é sinônimo de abrir mão de muita coisa. Então tem que haver muito entendimento. É a chave de um bom relacionamento; até para se entender consigo mesmo. Se você é muito instável, não vai atingir os seus objetivos. Disciplina começa na própria casa.

Agora, imagine os cônjuges não se dominando, haver muita espontaneidade, muita impulsividade... Haverá frequentes desentendimentos. Os egos se chocando, se agredindo. Se com o tempo não houver compreensão, adeus!

E vivam as características!

Episódio do MasterChef 2019 "A Revanche", jurado português é convidado a avaliar duplas de candidatos. Ao término da degustação dos pratos preparados, um jurado brasileiro lhe diz:

– E agora?

– Agora é avaliar!

Simples assim! Mas se fosse um jurado brasileiro, responderia algo como:

– Pois é! Todos os pratos estavam muito bons! Difícil, né?!

Quem já morou em Portugal sabe como é a franqueza lusa. O português é muito direto, não tem rodeios. O que é uma característica muito ibérica. Os brasileiros têm certa dificuldade em entender isso, até costumam rir da forma como eles se expressam. Sempre bom respeitar as características de cada povo.

Educação

Falam tanto em educação... Se a educação não for de boa qualidade, você não educa, pelo contrário, deforma. Como bem observeu um amigo, uma coisa é educação, outra é doutrinação.

O porquê de tantas separações conjugais?

Uma boa pergunta, não é? Não é fácil responder em duas palavras, pois o assunto é complexo, cheio de variáveis. É mais ou menos clichê dizer que os antigos tinham muitos problemas conjugais, mas se suportavam, não havia a cultura da separação e do divórcio, etc. Uma pessoa mais ligada à religião dirá que é a falta de Deus, etc. Mas seja como for, vivemos uma crise de valores sem precedentes e a cultura do descartável.

Muita gente quer aplicar à vida real o tal *backspace* do teclado do computador. Mas uma coisa é o virtual, outra é a vida como ela é. O certo é que tudo ficou muito banalizado. Não está se julgando quem se separou por razões legítimas, mas basta ver o mundo dos artistas para gente se espantar, sem contar os tais trisais, lembrando que a lei brasileira proíbe a bigamia.

Solteirice, solidão, liberdade ou prisão?

Solteiro(a), palavra que deriva do latim *solitarius*. Há estudos que dizem que viver só não faz bem à saúde. Inclusive, alguns desses estudos afirmam que quem vive só, vive menos. Estar solto(a), solteiro(a)... Até que ponto solteirice é sinônimo de liberdade, solidão ou sinônimo de prisão? Sim, estar só pode significar estar preso a si mesmo(a), numa espécie de *looping* à procura de algum sentido existencial.

Sempre que se conversa com alguém que vive só, os comentários giram em torno de um misto de sensações de liberdade e privacidade, de solidão e melancolia. Se quiser, momentos que oscilam como um pêndulo: ora se está gozando de liberdade, ora de solidão; ora se está feliz porque não deve satisfação a ninguém ("ninguém para pegar no pé"), ora vem a carência, a tristeza, um vazio grande.

O velho dilema do castelo sitiado: quem está fora quer entrar, quem está dentro quer sair. Muita gente casada afirmando que, se pudesse voltar atrás, não casaria. Outros dizem que se por algum motivo vierem a ficar solteiros, não voltarão a se casar. Provavelmente, essas mesmas pessoas se vierem a ficar sozinhas, com o tempo irão procurar alguém.

Outro pensamento que tem sido muito comum é o que trata da tal sensação de solidão mesmo estando a pessoa rodeada de gente. Não há a menor dúvida de que tal afirmação faz todo sentido. Estar com alguém nem sempre é sinônimo de companhia. Os motivos são vários, como a falta de correspondência por parte do companheiro ou companheira, mas faz pensar numa cena que tem sido cada vez mais comum, que é de uma mesa de refeição cheia de gente, mas todos com a face colada nos seus respectivos celulares.

Solitude ou Isolamento?

Quando se fala em solitude logo se pensa no fato de se estar sozinho(a), mas não se trata necessariamente de solidão – que sugere a sensação de abandono ou isolamento –, mas uma escolha, um espaço de introspecção e, inclusive, uma autodescoberta que pode ser profundamente enriquecedora. Ela permite se conectar consigo mesmo e encontrar paz no silêncio e na reflexão, sem distrações externas.

Há quem enxergue a solitude de forma negativa, como uma condição de isolamento meio doentio, contudo, quando entendida como uma prática consciente, ela pode ser uma oportunidade de ouro para crescimento pessoal e criatividade. Por isso, grandes pensadores, religiosos e artistas ao longo da História entenderam a solitude como um espaço essencial para a reflexão, espiritualidade, criação e entendimento profundo da vida.

Outra maneira de conceber a solitude é como forma de autocuidado, já que ela permite distanciar-se das pressões, do caos e da loucura do mundo e da sociedade, criando em nós uma internalização mais equilibrada e harmoniosa. Em muitos casos, ela é uma escolha que oferece ressignficado, liberdade, autossuficiência emocional e um fortalecimento da capacidade de viver de maneira plena, mesmo sem a constante companhia de outros.

Importante destacar que a solitude não deve ser confundida como uma fuga da realidade, um isolamento social não sadio, que pode trazer graves consequências à saúde física e mental. Pelo contrário, ela deve oferecer uma oportunidade para o cultivo da saúde emocional e para a reconexão com a própria essência de si mesmo.

E-mail: mafiorito@yahoo.com.br
Site: https://marcosfiorito.com.br

www.ingramcontent.com/pod-product-compliance
Ingram Content Group UK Ltd.
Pitfield, Milton Keynes, MK11 3LW, UK
UKHW021955190726
13853UKWH00004B/1552